FRANÇOIS RUFFIN



# Le Temps d'apprendre à vivre

## La bataille des retraites

Éditions les Liens qui libèrent

Cette « Intervention » est la version revue et largement augmentée du texte « Il est où, le bonheur ? À la retraite aussi ! » publié sur mon blog lors de la réforme de Macron 1 sur la retraite à points. Je l'ai logiquement doublé pour Macron 2, le retour.

Les sources ne sont pas indiquées ici. À la fois parce que je n'aime pas les notes de bas de page, qui interrompent la lecture, et pour passer sous la barre fatidique des 65 000 signes de ce format « Intervention ». Vous pourrez retrouver ces précisions sur :

http://francoisruffin.fr/le-temps-apprendre-a-vivre

Pour organiser un débat dans votre coin :
contact@avecruffin.fr
Pour apporter votre soutien :
www.avecruffin.fr

ISBN : 979-10-209-1163-6

« Il y a un an de ça, je me suis fait opérer de la coiffe des rotateurs, aux épaules. Le matin, on sent qu'on est cassé. Alors là, le coup de Macron, 65 ans, c'est même pas question, ça veut dire "fini le boulot, direction le cimetière".

Il est malade, ce pauvre type, complètement fou, il comprend pas. Ce monsieur a fait de grandes études, il fait beaucoup de choses pour ses amis d'en haut, c'est bien. Mais par contre, la France de tous les jours, ceux qui sont sur les chantiers, ce serait bien de les prendre un peu en compte, chose que ce monsieur ne sait pas faire. »

Gilbert, artisan, posant à genoux
du lambris en Ardèche.

*« Le temps de boire à ce ruisseau,*
*Le temps de porter à sa bouche*
*Deux feuilles gorgées de soleil*
*Le temps de rire aux assassins*
*Le temps d'atteindre l'autre rive*
*Le temps de courir vers la femme*
*Il avait eu le temps de vivre »*

*Boris Vian.*

« Je reprends du service, je suis obligée, parce que Pôle emploi me casse les pieds. Macron avait dit : "On ne touche pas aux personnes proches de la retraite", eh bien si. Ils menacent de me radier. »

Au bar Le Vizir, de passage à Limoges, je rencontrais Rosita, la mère de Damien. C'était mon collab' à la documentation, devenu député, et à la sortie de *Debout les femmes !* il m'avait confié : « Aujourd'hui, j'en éprouve une fierté, mais quand j'étais petit, j'avais honte que ma mère soit auxiliaire de vie. D'abord, à l'école, je n'avais pas la bonne marque de baskets. Et aussi, pour mes copains, son métier, c'était "torcher le cul des vieux". Alors que, chez leurs parents, il y avait des médecins, des avocats Maintenant, après mes études, et encore plus avec ton film, j'en éprouve une fierté. »

J'ai insisté pour rencontrer sa mère : lorsqu'on devient un « représentant », comme moi, l'accès à la réalité, à une réalité populaire, se fait rare, compliqué. L'agenda se remplit avec des porte-parole, des associations, des « représentants », aux propos pesés, aux points de vue bienvenus, mais qui ne transpirent pas la chair et la sueur. Alors, il faut du réel comme des piqûres de rappel.

« Vous avez quel âge, si je puis me permettre ?

– 61 ans. Je souffre de polyarthrite...

– Ça veut dire quoi ?

– J'ai mal au dos. J'ai mal au genou. J'ai mal au bras. Parce que, pendant près de vingt ans, j'ai porté, porté, porté. C'est à force de soulever des personnes âgées. J'ai commencé en 2000, quand j'ai divorcé. Je courais, je courais partout. Damien, je le mettais à la garderie à 6 h 45, je le récupérais le soir. Je n'avais pas le temps de faire les devoirs avec lui. Je le faisais manger, je le mettais en pyjama et je repartais pour la nuit. On avait mis en place tout un système avec sa grande sœur. En cas d'alerte, elle tapait sur le mur pour prévenir les voisins. Ça a créé des soucis : l'assistante sociale, quand elle a appris que les enfants passaient leurs nuits seuls, elle s'en est inquiétée. Finalement on a réussi à s'expliquer avec elle, on s'en est sortis. Est-ce que c'est à cause de moi, à cause de ça, parce que je ne le suivais pas, que Damien était un mauvais élève ?

– Ah bon ? C'était un mauvais élève ?

– Oui, ils voulaient même lui faire redoubler la troisième. Je suis allée voir le Conseiller d'éducation : "S'il obtient son Brevet, il passe en seconde". On s'est accordés là-dessus. Et à Damien, je lui ai dit : "Si l'école, c'est pas pour toi, tu prends la pelle et la pioche".

« J'ai fait la course, comme ça, entre la maison et les patients jusqu'en 2017. Là, j'ai lâché prise, à cause des douleurs. Et aussi à cause des horaires. Le Conseil départemental, en Corrèze, il nous a réduit nos heures. On n'avait plus que trente minutes pour faire manger les papis, pour leur vaisselle, pour le coup de balai... Alors qu'on me demandait, en plus, de faire des soins, d'aspirer une trachéo, de changer une sonde urinaire. Je ne tenais plus. Je me suis retrouvée en invalidité, deuxième catégorie.

– Vous touchez combien ?

– 689 €, plus 350 € de réversion, 100 € d'allocation spécifique de solidarité. Mais là-dessus, 412 € de loyer...

– Et vous vous en sortez ?

– Je fais gaffe. »

Son fils, pas Damien, un autre, le grand, intervient : « Chez elle, il n'y a pas un voyant qui est allumé...

– J'en ai pour 30 € mensuels d'électricité.

– Et il faut éviter d'aller chez elle l'hiver...

– J'en ai pour 30 € de gaz aussi. J'espère que ça va pas trop augmenter...

– C'est à cause de ça que vous allez reprendre du service ?

– Non, c'est Pôle emploi. La conseillère, elle pousse, elle pousse, elle pousse... Elle m'a dit : "Vous devez venir le 18 avril". Finalement, j'ai vérifié, c'est un jour férié. "Mais je n'ai pas de voiture en ce moment...", je lui ai fait remarquer. "Tant pis, prenez un taxi". Et elle a ajouté : "Vous avez intérêt à y être". »

En décembre, Pôle emploi a battu son record de radiations : 52 000 le même mois, + 40 % sur un an. « Ils vont me donner 8 heures par semaine, deux heures par jour, pendant quatre jours. Et normalement, si tout va bien, je serai à la retraite le 1er mars prochain. »

Emmanuel Macron, candidat à sa propre succession, venait, la semaine d'avant, de présenter son programme : « Le plein emploi, cet objectif est atteignable. Il suffit de faire dans les cinq ans qui viennent ce qui a été fait dans les cinq ans qui viennent de s'écouler. » Mais le plein emploi, à sa façon, ce ne sont pas des emplois pleins : plutôt des bouts de boulot.

« Mon frère, c'est pareil. Il en a marre de Pôle emploi, ils l'appellent, l'appellent, l'appellent. Alors que bon, pour les quelques mois qu'il lui reste… Normalement, il doit prendre sa retraite au 1er décembre. Il a subi un accident du travail, il s'est cassé la figure, mais ils menacent quand même d'arrêter son chômage Pour qu'on le laisse tranquille, il s'est décidé à monter une autoentreprise dans la soudure.

– Mais c'est pour travailler vraiment ?

– Non, il ne se sent plus en état de souder.

– C'est juste pour la soudure ! » Je rigole.

C'est un autre record du quinquennat Macron : 650 000 microentreprises créées en 2021, 2,4 millions sur son mandat. La moitié sont « dormantes ». Et avec, pour les autoentrepreneurs, comme revenu moyen, 590 € par mois.

« J'ai une copine, de mon âge à peu près, et à peu près dans le même état que moi, je la voyais samedi au tournoi de pétanque du village : elle vient de rentrer chez Leclerc. Tous les jours, elle se demande : "Est-ce que je vais tenir ?"… Samedi, un ami de 58 ans est venu chez moi pour chercher un canapé. Il fait de l'entretien dans les usines. Hier, sa femme m'a appelée : "Il est mort." »

Je ne veux pas crier « misère ! misère ! », regarder Rosita comme une victime de la fatalité. Toute son existence, elle s'est débrouillée, bagarrée, elle a apporté le gîte, et le couvert, et l'amour, et l'éducation à ses enfants.

« Vous jouez à la pétanque ?

– Ah oui, j'adore ça. Je mets des raclées à Damien, hein, je ne sais pas si tu te souviens ? Quand il était petit, il partait en colère ! » C'est une vie faite de joies, aussi, qui sont quotidiennes, je pense, et immenses. Mais pour elle, pour les siens, ça tire pour tenir jusqu'à la retraite.

C'est une expérience répandue, trop banale, dans les métiers populaires, souvent physiques, de la manutention, de l'industrie, des travaux publics, de l'entretien : les corps qui pèsent, qui souffrent, qui s'usent, et parfois qui lâchent.

« Moi, je n'adore pas le mot de pénibilité, parce que ça donne le sentiment que le travail serait pénible », avec lancé Emmanuel Macron, lors d'un Grand Débat. D'ailleurs, dès 2017, dès son entrée à l'Élysée, sur les dix critères de pénibilité qui permettaient une retraite précoce, il en avait supprimé quatre : les manutentions manuelles de charges, les postures pénibles, les vibrations mécaniques et le risque chimique.

Le même, pourtant, l'admettait : « Quand on est peu qualifié, quand on a une carrière fracturée, bon courage déjà pour arriver à 62 ans ! C'est ça, la réalité de notre pays ! Et on va expliquer aux gens : "Travaillez jusqu'à 64 ans ! Mes bons amis, travaillez plus longtemps !" ? Ça serait hypocrite. »

Voilà bien, en effet, « la réalité de notre pays ».

Une réalité qui s'écoute dans les récits.

Une réalité qui se lit dans les statistiques officielles : la moitié des hommes, la moitié des femmes, se retirent de l'emploi ou en sont retirés avant leurs soixante ans. À cet âge, 40 % disent avoir leur santé altérée, davantage évidemment chez les ouvriers et les employées.

## Réforme « coûte que coûte »

« Emmanuel Macron veut relancer sa réforme des retraites coûte que coûte », titre *Le Monde*. « Pour retrouver une dynamique politique et renouer avec son ambition réformatrice, le chef de l'État souhaite que la réforme des retraites entre en vigueur dès l'été 2023, malgré l'opposition des syndicats... »

Je vais en revenir au travail, aux travailleurs, à leurs corps. Mais avant cela, le corps social, car c'est le corps social tout entier que le président va blesser.

Je le dis, avec gravité, avec une solennité à laquelle je ne suis pas habitué, je le dis pour mon pays : c'est une folie.

Quelle époque vivons-nous ?

Les Français sont sortis déprimés, exténués, exaspérés, de la longue crise du Covid. Que nous avons enchaînée avec la guerre en Ukraine et ses conséquences sur les prix, l'inflation galopante, les découverts bancaires, les salaires qui ne suivent pas.

Au printemps, Emmanuel Macron n'est réélu que par défaut, sans élan, sans enthousiasme. Il ne trouve, à l'Assemblée, qu'une majorité de raccroc, avec une assise incertaine : dans mon département, la Somme, plus de la moitié de ses candidats n'ont même pas atteint le second tour ! Le Rassemblement national prospère comme jamais, aux aguets, dans une France divisée.

L'été fut marqué par les mégafeux chez nous, par la sécheresse, par un réchauffement palpable. Et l'hiver se profile avec des coupures d'électricité, du rationnement, l'explosion des factures.

C'est dans ce climat, dans ces temps d'inquiétude, sociale, géopolitique, écologique, que le chef de l'État engage sa réforme des retraites, une mesure qu'il sait, massivement, très massivement, impopulaire. Sérieusement, c'est ça, sa priorité ? C'est l'urgence, l'équilibre des comptes à l'horizon je ne sais pas trop combien ? C'est un impératif que d'avoir, en plus, des grèves, des manifestations ?

Éric Woerth salue, bien sûr, le « courage d'Emmanuel Macron ». Robert Ménard, lui aussi, « trouve assez courageux de réformer les retraites. » Le macroniste Stanislas Guérini s'en flatte : « Cette réforme des retraites, eh bien nous, nous avons le courage politique de la mettre sur la table. »

« Courage. » « Courageux. » « Des réformes courageuses. »

Ces deux mots condensent le conflit, latent, désormais permanent, entre les dirigeants et le peuple.

« Des réformes ambitieuses et courageuses. » C'est ainsi que le Fonds monétaire international saluait déjà, à l'été 2017, les premiers pas d'Emmanuel Macron au pouvoir, et notamment sa Loi Travail. Après la suppression de l'Impôt de solidarité sur la fortune, l'OCDE ne disait pas mieux : « Le gouvernement a entrepris des réformes courageuses pour stimuler l'activité économique. » Une « *réforme courageuse* de la fiscalité », renchérissait *Le Figaro.*

Réforme, courageuse, réforme, courageuse

À force de les entendre ensemble, ces mots, au fond, on ne les entend plus. Mais quel est ce « courage » ? C'est le « courage », non pas de dompter les marchés financiers déchaînés, non pas d'affronter les firmes multinationales, non pas de combattre ces nouvelles puissances, mais au contraire : de s'y plier. De se courber devant elles, de mériter leur confiance, de flexibiliser le travail pour elles, de diminuer leur fiscalité. Et pour ça, de montrer du « courage », mais du courage face à qui ? Face aux peuples, aux peuples qui jugent ces réformes injustes, qui voient leurs conquêtes rognées, leurs salaires baissés, leur sécurité entamée, leur bien-être érodé Alors oui, ils ont le « courage » d'aller contre les caissières et les infirmières, contre les enseignants et les étudiants, contre les cheminots et les ouvriers. Mais jamais contre les banquiers et les actionnaires, contre les mécènes de leurs campagnes électorales. Le « courage » d'être faible avec les forts, et fort avec les faibles, le voilà, le « courage » tant vanté. Le « courage » d'une démocratie qui œuvre contre le « démos »

« *Crisis of democracy.* » C'est un rapport, publié en 1975, de la Commission trilatérale, un cercle qui réunit les élites japonaise, américaine, européenne.

Crise de la démocratie, donc. Ou plutôt, « Crise de démocratie ». Parce que le problème, là, d'après ces experts, c'est qu'on avait trop de démocratie. Il fallait, bon, peut-être pas s'en débarrasser, mais calmer tout ça. Le texte énonçait ainsi : « Ce qui est nécessaire est un degré plus grand de modération dans la démocratie. Le bon fonctionnement d'un système politique démocratique requiert habituellement une certaine mesure d'apathie et de non-engagement d'une partie des individus et des groupes. » Car le souci, dans ces années 60, 70, c'est que les « individus » et les « groupes » s'engageaient, que le peuple prenait au sérieux la démocratie.

On s'est arrangés pour l'éloigner.

Pour le dégoûter.

Une date, clé, cristallise ce divorce, profond, durable : le dimanche 29 mai 2005. À 55 %, les Français rejetaient le Traité constitutionnel européen. 80 % des ouvriers, 71 % des chômeurs, 67 % des employés répondaient « non » : « non » à la « concurrence libre et non faussée », « non » à la « libre circulation des capitaux et des marchandises, y compris avec les pays tiers ». C'était un sondage, grandeur nature, sur la politique qui se menait en France depuis vingt ans déjà, et qui se mène encore depuis, inchangée. Les dirigeants européens se sont assis sur ce scrutin, n'en tirant qu'une seule leçon : nous n'irons plus aux urnes.

La « Constitution européenne » en a fait les frais. Mais qui croit, en toute franchise, que les Français auraient ratifié l'élargissement européen aux pays de l'Est et à leur main-d'œuvre à bas coût ? Ou auraient approuvé les différents accords du Gatt, l'Uruguay Round, par exemple, qui fait entrer l'agriculture dans la grande lessiveuse de la mondialisation ? Ou dernièrement, le CETA, avec son bœuf nourri aux farines animales ? Ou bientôt, avec la Nouvelle-Zélande, l'importation de moutons depuis d'autres horizons ? Quel dirigeant peut nous regarder, droit dans les yeux, à la télé, et nous affirmer : « Je suis convaincu que ces choix répondent aux aspirations des Français » ? Ils le savent.

Ils le savent, que toutes ces décisions sont prises sans nous, malgré nous, contre nous. Ils savent que, bien qu'en « démocratie », en théorie, leur politique se mène aujourd'hui sans le « démos », contre le « démos ». Et chaque fois que leurs mesures, que leurs « réformes courageuses » sont prises, qu'en reste-t-il dans les esprits ? C'est le ressentiment qui s'installe dans le cœur des gens : « À quoi bon ? Si c'est ça la démocratie, si on piétine notre avis, à quoi bon la démocratie ? » Quand des millions de Gilets jaunes, durant des semaines, occupent les ronds-points, défilent, réclament le Référendum d'initiative citoyenne, le retour de l'Impôt de solidarité sur la fortune, la TVA à 0 % sur les produits de première nécessité, quand, plutôt que de passer un compromis social avec ce mouvement, le pouvoir préfère passer leurs cabanes au bulldozer, effacer les traces de ce soulèvement, les malmener dans les défilés, crânes fendus, yeux éborgnés, bras amputés, quand, finalement, leurs revendications sont noyées dans le blabla du grand débat, le président croit s'en sortir sans dégâts, mais qu'en reste-t-il ? Le ressentiment, l'abattement, un ferment de plus pour la défiance.

Et maintenant, cet automne : « 70 % des Français sont contre la hausse de l'âge légal de départ à la retraite », selon un sondage Elabe-BFM. 72 %, d'après Odoxa-Le Figaro. Je ne prédis aucun mouvement géant. On verra bien. Nul n'est prophète en la matière. Et il est possible que la force de résignation l'emporte, au final.

Mais même si ça passe. Même si ça passe sans trop de dégâts apparents. Ne pas croire que ça ne laissera pas de trace, durablement, dans l'âme de salariés qui, très concrètement, le corps usé, l'esprit fatigué, verront leur retraite attendue reculer encore. Ne pas croire que, à agir ainsi, hors démocratie, on n'aiguise pas un peu plus le sentiment d'injustice, on ne nourrisse pas en souterrain le ressentiment.

C'est stupide.

C'est dangereux.

Mais si M. Macron veut « renouer avec son ambition réformatrice », ce n'est pas en bricolant une retraite à 64 ans, 65 ans, 67 ans. Quelle « ambition » y a-t-il à ça ? Une ambition de comptable. Non : que son « ambition réformatrice », il la mette au service du plus formidable et du plus terrible défi que l'Humanité ait à affronter : le bouleversement climatique. Sur ce front, l'on n'aperçoit aucun « courage ».

## La fatalité vaincue

« J'ai passé quatre-cinq ans au RSA. Je faisais plongeur, je travaillais dans un restaurant, mais ils ne payaient pas mes heures. Je me suis retrouvé à 486 €, plus une centaine d'euros d'APL.

– Comment on vit avec cette somme-là ?

– On survit, c'est vrai, on peut survivre, mais on ne vit pas. Déjà, j'avais déménagé pour un F1 à 152 € de loyer. Avec tout dans une seule pièce : salon-salle à manger-chambre à coucher. Quand j'étais seul, ça allait, mais en couple, maintenant, on se marche dessus... Je vais bricoler au garage.

– Vous faites du black ?

– Ah non, ah non... Disons que je dépanne. Comme ancien carrossier, si ça peut aider. Les Restaus du

Cœur, j'y suis allé. Pendant un an. Et puis, je me suis dit : "Ça ne va pas, cette histoire. Je ne suis pas d'une famille de clodos, je suis d'une famille très bien " On s'est démerdés autrement. Avec ma moto, on allait aux champs, on glanait les restes. Quand sur le bas-côté 'y avait un lapin écrasé, on le ramassait. Par ici la sortie.

– Et maintenant ?

– Maintenant, depuis mes 66 ans et 2 mois, je touche 1122,82 € de retraite. Ça change tout. Je voudrais bien louer un logement plus grand, qu'on ait de l'air. »

1122,82 €, le paradis à petit prix, quand on a fait partie des « seniors au RSA » : en dix ans, ils ont plus que doublé, augmenté de 152 %. La faute à l'âge de la retraite, qui a déjà reculé. Qui entraîne des fins de carrière en pointillé, dans un entre-deux, plus en emploi pas encore en retraite, avec de la pauvreté à la clé.

*

Ce spectre, je le connais, je l'ai vu à l'est.

L'été 1998, au soir de la Coupe du Monde remportée, je prenais le car pour rejoindre mon copain Andreï, dans la banlieue de Minsk, en Biélorussie. Et au cours d'un dépaysant voyage, entre kolkhoziens, policiers, danseuses du bolchoï, anciens ministres, cuites à la vodka, sauna fouetté aux branches de noisetiers, une image m'a frappé : ce sont ces grands-mères, babouchkas, qui vendaient des sacs plastiques à la sortie du métro, assises sur un siège de toile pliable, prostrées jusqu'à la nuit tombante.

Ce spectre, je le connais, je l'ai vu à l'ouest.

Aussitôt après ces vacances, fin août 1998, je me suis envolé vers les États-Unis, pour enseigner durant une année à l'Université du Texas. Là encore, parmi mille souvenirs, chaleureux, d'une formidable Amérique, les petits-déjeuners aux tacos, la folie d'Halloween, les armes à feu chez le père de ma copine, la plongée dans des sources glacées, je retiens aussi les visites nocturnes chez Walmart. À minuit, l'hypermarché est ouvert, on marche dans des rayons quasi déserts. C'est une jeune femme, une étudiante sans doute qui tient la caisse. Et derrière, c'est une mamie, une grand-ma, noire, qui place les courses dans les sachets. Et dehors, c'est un papi, un grand-pa, noir également, et boitillant, l'image m'a marqué, déhanché, marchant de côté, c'est un papi qui rassemble les chariots sur le parking.

Voilà le spectre, que nous avons connu, ici aussi, il n'y a pas si longtemps, et durant si longtemps.

*

« Jusqu'au XIXe siècle, il n'est jamais fait mention des “vieux pauvres” ; ils étaient peu nombreux, la longévité n'était possible que dans les classes privilégiées ; ils ne représentaient strictement rien. L'histoire comme la littérature les passe radicalement sous silence. »

C'est Simone de Beauvoir qui relève cela dans son essai, historiographique, consacré à la vieillesse.

« Au XVIIe siècle, note-t-elle, la moitié des enfants mouraient avant un an ; la plupart des adultes entre trente et quarante ans. On s'abîmait très vite, à cause de la dureté du travail, de la sous-alimentation, de la mauvaise hygiène. Les paysannes de trente ans étaient de vieilles femmes ridées et tassées. On tenait les quadragénaires pour des barbons. À cinquante ans, on n'avait plus de place dans la société. Le quinquagénaire se retirait sur ses terres ou entrait dans les ordres. Chez les paysans et les artisans, le système d'entretien familial persistait. Quant aux vieillards qui n'avaient pas de famille, ou que celle-ci ne pouvait prendre en charge, ils étaient secourus par le seigneur ou par le monastère ; les moines avaient des infirmeries où ils recueillaient les malades et indigents. »

Arrive la Révolution industrielle, qui n'arrange rien : « Les transformations ont été néfastes pour les vieillards. Jamais en France ni en Angleterre leur condition ne fut aussi cruelle que dans la deuxième partie du XIXe siècle. En prenant de l'âge, les ouvriers devenaient incapables de supporter les cadences du travail. Partout, ceux qui réussissaient à survivre, quand l'âge les privait de leur emploi, étaient réduits à la misère.

Chez Balzac, Zola, Dickens, chez les romanciers russes on ne rencontre presque jamais de vieux ouvriers puisqu'en vérité, dans le prolétariat, on ne faisait pas de vieux os. »

Ainsi, durant des siècles, pour les gens du peuple, la vieillesse – quand on avait la chance de vieillir – la vieillesse était synonyme de pauvreté, d'aumône, de privations. On vieillissait au crochet de ses enfants, ou de la charité. C'était ainsi, depuis la nuit des temps, et ça en paraissait pire qu'une fatalité : inscrit dans l'ordre naturel.

*

Cet ordre naturel, cette fatalité, cette misère millénaire seront brisés en une génération. Et comment ? Par des décisions politiques.

L'histoire est connue, qu'on la rappelle tout de même. C'est un ministre socialiste, en 1910, René Viviani, qui plante la graine des « retraites ouvrières ». Mais à l'époque, la gauche est divisée : ces 1 % prélevés sur de maigres salaires, c'est un « vol des travailleurs », pour la CGT, et le syndicat organise alors « une agitation par article de journaux, affiches, meetings, manifestations » contre cette « retraite pour les morts ». « On force le travailleur à prendre un billet de loterie, dont on se paie par des prélèvements, sur son salaire, des années et des années ! proteste Jules Bracke. Le gros lot, c'est de vivre jusqu'à soixante-cinq ans. La chance de gagner est de 6 %, disons 7 %... C'est une escroquerie. »

Le tribun Jean Jaurès, lui, votera oui : en visionnaire, dans la graine, même chétive, même imparfaite, même mesquine, lui voit déjà l'arbre. « Avant de voter, nous dirons : voilà ce qui lui manque. Nous la votons pour avoir le principe, nous la votons malgré les sacrifices qu'elle impose à la classe ouvrière. Mais demain nous vous demanderons un âge abaissé, une institution pour l'invalidité, demain nous vous demanderons dans la période transitoire une retraite plus élevée, une participation plus large des assurés à la gestion des caisses... »

C'est à la Libération, on le sait, que la graine va s'épanouir.

Dans son « vaste plan de sécurité sociale », le Conseil national de la Résistance prévoit, durant l'Occupation, « une retraite permettant aux vieux travailleurs de finir dignement leurs jours ». En 1944, le Parti communiste est à son apogée. Pour la première fois de son histoire, il participe au gouvernement. Et le ministre des Travailleurs, Ambroise Croizat, annonce, dès sa nomination, que « la retraite ne doit plus être l'antichambre de la mort, mais une nouvelle étape de la vie ». En moins de six mois, le 22 mai 1946, cinq millions de personnes bénéficient, presque aussitôt, du nouveau régime. « J'ai en souvenir la dévotion des vieux et des vieilles pour Ambroise, se remémore un cégétiste. François Godet, un voisin, valet de chambre devenu chauffeur d'une des premières voitures chez de Dion Bouton, vivait chichement de son seul jardin et d'un peu d'économies. Soudain, tous les trimestres, il reçut un mandat de retraite ! Imaginez ! Des retraités qui n'avaient jamais eu un franc de revenu et qui ne vivaient, pour beaucoup, que d'autoconsommation ! D'un seul coup, de l'argent, tous les trimestres ! »

L'effet de cette loi cependant, son effet sur la pauvreté, n'est pas immédiat. C'est que les premiers versements sont médiocres : faute d'avoir cotisé durant leur carrière, les anciens perçoivent quoi ? 10 %, 20 % de leur salaire, des miettes. Pour compléter ces retraites gruyère, le gouvernement met en place, en 1956, le « minimum vieillesse ». Désormais chaque retraité disposera de ressources, même modiques, d'un filet de sécurité. Et c'est une révolution silencieuse qui s'opère alors : le taux de pauvreté des personnes âgées plonge, il est divisé par quatre en 15 ans ! De 35 % en 1970, il passe à 7,5 % en 1984 ! Pour la première fois dans l'histoire, même dans la préhistoire, on rencontre moins de misère chez les anciens que dans le reste de la population.

En une génération, la malédiction est rompue ! L'ordre naturel battu en brèche. Formidable conquête ! Que le gouvernement de Pierre Mauroy prolonge encore, le 26 mars 1982 : « L'abaissement à 60 ans de l'âge de la retraite est une aspiration sociale ancienne qui n'a pas reçu jusqu'à présent une réponse satisfaisante ». Cette réforme se veut donc « une étape significative de la politique de progrès social mise en œuvre par le gouvernement ». Une « étape », car que pensent les Français, à l'époque, majoritairement ? Que la retraite passera bientôt à 55 ans ! Tant cela semble le sens de l'histoire.

Mais ce sera la dernière « étape significative » : l'heure est venue des contre-réformes. Car ce que la politique a fait, la politique peut le défaire.

*

(Ce n'est pas le sujet, quoique. Je ne le pose donc ici que dans une parenthèse :

C'est chez les jeunes, désormais, que la pauvreté est massive, quatre fois plus élevée que chez les retraités. C'est chez les jeunes, désormais, que cette pauvreté est devenue la norme, qui ne choque plus, qui appartient au paysage. Et ce sont les jeunes, désormais, qui vivent aux crochets de leurs familles, qui sont aidés par leurs parents, leurs grands-parents, un peu ou beaucoup, selon les fortunes : les uns ont leur loyer payé, les autres sont dépannés d'un sac de courses. Cette solidarité familiale est inégale, ne suffit pas.

La crise Covid a servi de révélateur, comme on le dirait en photographie. Avec ces files de jeunes gens, des queues infinies, des centaines de mètres, pour aller quérir un colis alimentaire, le soir, dans la rue ou dans un gymnase, elle a révélé une jeunesse maltraitée : l'avenir de notre Nation réduit à la mendicité.

Comment y répondit-on ?

L'État s'est mis à la bienfaisance, avec des aumônes. Le ministère des Solidarités et de la Santé nous informait ainsi que « 37 % des jeunes de 18-24 ans sautent au moins un repas par semaine pour des raisons financières ». Mais quelles solutions a-t-il prônées ? « Avec StudHelp, vous pouvez aider un étudiant grâce à des dons alimentaires. Pour devenir donateur et soutenir un étudiant en difficulté, rendez-vous ici : jeveuxaider.gouv.fr/mission-bénévolat... » Le gouvernement ne fit même pas la charité lui-même, délivrant des colis : il recommanda la charité.

Et partout, pour les jeunes, ce furent des appels à dons, des cagnottes sur Leetchi, des collectes dans les supermarchés, des caddies remplis de raviolis, de conserves, de sachets de purée. Chacun y allait de sa bonne action. C'est formidable, non, cette générosité ?

Eh bien non.

Entre la charité et la famille, comme pour les anciens hier, il nous faut aller vers une solidarité sociale, une solidarité nationale. Il nous faut un « minimum jeunesse », un socle, pour se former, pour essayer, pour échouer même, pour découvrir notre pays, pour s'envoler du nid, sans une aile cassée, sans un plomb à la patte. Et inutile d'opposer l'un à l'autre, inutile d'instaurer un « conflit de générations » : bâtir un nouveau pilier de l'entraide ne suppose pas, en aucun cas, d'ébranler le premier.

Il nous faut, de toute façon, un contrat entre les générations. Et sur les lieux de travail, également. Que l'ancien, par exemple, à 55 ans, allège ses tâches pour former un binôme avec un jeune en formation : transmission des savoir-faire et savoir-être, l'un valorisé et l'autre motivé.)

## La contre-offensive

Nous en étions là, donc : au « grand cauchemar des années 80 ». C'est qu'un vent mauvais souffle de l'ouest, Thatcher, Reagan, Hayek, Friedman, font des petits ici : Montand, Madelin, Tapie. Et les retraites sont prises dans cette contre-offensive, d'abord idéologique, dans les écrits, dans les esprits.

L'Institut de l'Entreprise recommande ainsi, en 1985, une « retraite à la carte » plutôt qu'une « retraite couperet ». La même année, André Babeau, un universitaire (devenu depuis administrateur de deux sociétés d'assurances...), publie *La Fin des retraites ?* Tandis que les sondeurs et la presse font sonner l'artillerie lourde le 3 février 1988 : « Un sondage CSA – *Le Parisien* – AGF révèle que les Français n'ont plus confiance dans le seul régime de retraite par répartition et commencent à capitaliser». Une compagnie d'assurance paie donc une «étude» pour un quotidien. Comme si un journal s'alliait à des fabricants de cigarettes pour une enquête d'opinion sur le tabac...

En cette décennie 80, la Finance triomphe. Il faut que les retraites passent également sous sa coupe. Édouard Balladur, alors ministre de l'Économie et des Privatisations, s'y emploie, en 1987, avec son Plan épargne retraite: «un instrument de préparation individuelle à la retraite», largement «défiscalisé». De quoi, précisait son ministère, «orienter l'épargne vers des produits permettant d'accroître le développement du marché financier», peut-on lire dans *Le Figaro* le 5 octobre 1987.

En 1993, Édouard Balladur revient à la charge, comme Premier ministre cette fois: durant l'été, les salariés du privé passent de 37 ans et demi de cotisations à 40. La pension n'est plus calculée sur les dix meilleures années, mais sur les vingt-cinq. Et son montant ne suit plus l'évolution des salaires, mais des prix. Des mesures qui, d'après les économistes de l'IRES, Institut de recherche économique et sociale, produisent une diminution des retraites de 36 %. Les salariés combleront, s'ils le peuvent, grâce à leurs banquiers et leurs assureurs...

Voilà les retraites partiellement « privatisées ».

Une fois créée cette division, cette inégalité entre public et privé, les gouvernements plaideront avec constance pour « aligner » les modes de calcul... sur le moins favorable aux travailleurs : plan Juppé en 1995, réforme Fillon en 2003, régimes spéciaux en 2008. Puis vient Nicolas Sarkozy, en 2010, qui recule l'âge de la retraite. Pas franchement pour que les salariés travaillent plus longtemps : dans l'après-crise financière, il faudrait des emplois, pour ça. Mais de quoi faire baisser le montant des pensions. Et ouvrir un peu plus le marché aux assurances privées...

Ces manœuvres sont venues de la droite, mais – comme souvent depuis quarante ans – les socialistes les ont confortées, et habillées, avec complicité. En 1989, Pierre Bérégovoy transforme ainsi le PER en PEP, Plan d'épargne populaire, et se déclare « pour la retraite par capitalisation ». En 1997, de même, Dominique Strauss-Kahn, alors ministre de l'Économie, préparera des « fonds de pension à la française », rebaptisés « fonds partenariaux ». « Partenaire » et « populaire » : en deux adjectifs, le capitalisme devient « solidaire »...

Mais c'est sous François Hollande, en 2014, avec Marisol Touraine, que sera menée l'opération la plus vicieuse, la plus insidieuse : on ne touche pas à l'âge légal, qui reviendrait à agiter un chiffon rouge. En revanche, le gouvernement augmente, génération après génération, la durée de cotisations. En 2035, il faudra ainsi avoir travaillé 43 ans pour obtenir une retraite à taux plein.

Comment pousser le bouchon plus loin ? C'est François Fillon, lors de sa campagne présidentielle de 2017, qui vend la mèche : « Le système par point, en réalité, ça permet une chose, qu'aucun homme politique n'avoue. Ça permet de baisser chaque année le montant des points, la valeur des points, et donc de diminuer le niveau des pensions. »

C'était l'idée reprise par « Macron 1 », avortée pour cause de manifs, de guérilla parlementaire, puis de Covid : « la retraite à points ». « Macron 2 » en revient à du plus classique : repousser l'âge de départ à 65 ans.

Quels sont, quels seront les effets, dans la durée, de ce détricotage ? C'est le niveau des pensions qui baisse. C'est la pauvreté chez les personnes âgées qui remonte. C'est une retraite juste et méritée qui est remplacée par des allocations de charité. Ce sont les assureurs qui ramassent un bout de la mise. C'est le temps du répit, du repos, qui est rogné. C'est, à nouveau, « une retraite pour les morts » : dans les classes populaires, ce sont 40 % des hommes, 20 % des femmes, qui ont une « retraite courte », inférieure à dix ans. Contre trois à quatre fois moins parmi les aisés.

Et pourtant.

Et pourtant.

Malgré leurs assauts, répétés, inlassables, depuis quatre décennies, regardons comme ce monument tient bon ! C'est toujours deux fois moins de pauvres parmi les retraités (8 %) que dans la population globale (15 %). C'est un revenu médian supérieur de 4,6 % à la moyenne nationale. C'est moins d'inégalités à cet âge de la vie.

Surtout, comme le titrent des chercheurs, c'est « un événement protecteur pour la santé de tous » : « Pour les personnes confrontées à des contraintes physiques, la retraite améliore principalement la santé générale, tandis que pour les personnes ayant subi des contraintes psychosociales, elle diminue plus sensiblement l'anxiété et la dépression... Les effets bénéfiques les plus visibles de la retraite sont observés dans la population masculine non diplômée et exposée à des contraintes physiques, pour qui on enregistre une diminution de 21,2 points la probabilité de se déclarer en mauvaise santé et de 13,7 pour les maladies chroniques, 16 pour les limitations d'activité et 8 pour l'anxiété ou la dépression... Le fait que la retraite améliore la santé de tous est sans doute le révélateur d'un mal-être au travail généralisé parmi les seniors français. »

La « retraite », pour les gens, c'est une aspiration très profonde. Pour un tiers des retraités, au moment du passage à la retraite, « il était temps que ça s'arrête, je n'en pouvais plus ». Pour 40 % « j'aurais facilement pu continuer quelques années, mais j'étais content(e) de partir ». Et pour seulement 12 % « j'aurais préféré poursuivre une activité professionnelle ». La même proportion, environ, pour qui c'est « une période où l'on s'ennuie parfois » (17 %). Contre 88 % qui y voient un « repos bien mérité », 43 % « le plaisir de ne plus entendre parler du travail », 76 % « l'occasion de découvrir plein de choses ».

Bref, c'est un droit durement acquis, c'est un trésor que l'on chérit. Pas touche !

*

Face à cet attachement, massif, des Français, pourquoi cet acharnement du chef de l'État ? Pourquoi revient-il à la charge, « coûte que coûte », une seconde fois, lors de son second mandat ? Pourquoi ne bat-il pas en retraite sur les retraites ? Pourquoi prendre le risque, je le dis, je le pense, de déchirer la nation ?

À cause des « déficits », insistait-il au printemps dernier, c'est un « problème de justice entre les générations » moralisait l'Élysée. Mais patatras : le COR, le Conseil d'orientation des retraites, estime ce déficit, temporaire, à 0,4 % du PIB, avant un excédent dans les années 2040 ou 2050. Et franchement, s'il s'agit de « justice entre les générations », la dette écologique apparaît bien pire. En une génération, justement, la sienne, la mienne, on a détruit le vivant dans les airs, dans les mers, sur terre, et même sous terre : 30 % des oiseaux ont disparu, 80 % des insectes volants, 70 % des vertébrés, 90 % des lombrics…

D'où le nouveau prétexte : « Nous avons à financer la transition énergétique et climatique. Nous avons à financer un investissement massif dans l'hôpital et l'école. La question c'est : comment on le finance ? » Tous ces projets ambitieux se feraient, apparemment, avec ces 0,4 % du PIB  Dans son « programme de stabilité », envoyé à Bruxelles, Emmanuel Macron ne mentionne pourtant jamais, aucunement, nulle part, ces grands plans pour l'hôpital ou l'école. Un oubli. Il n'omet pas, en revanche, la « réduction pérenne des prélèvements obligatoires » afin de « renforcer la compétitivité des entreprises ». Et comment compte-t-il payer cette « baisse des impôts de production dès 2023 » ? « La maîtrise des dépenses publiques repose principalement sur des réformes structurelles, la réforme des retraites notamment. » De quoi faire des cadeaux aux riches, aux firmes, donc, dira-t-on.

Mais on est au-delà, désormais, je crois, du budgétaire. C'est le marqueur de sa puissance ou de son impuissance, de son énergie intacte, de sa « dynamique politique », de son « ambition réformatrice ». S'il bute là-dessus, c'est son pouvoir qui est en panne, son autorité en berne. Mais pourquoi là-dessus ? Pourquoi choisir, justement, les retraites ? Pourquoi pas la rénovation des bâtiments ? Pourquoi pas des dentistes, des gynécos, dans tous les déserts médicaux ? Pourquoi pas du fret ferroviaire partout ?

## Les Maîtres des horloges

Il n'y a là aucun hasard, selon moi, chez un président qui se veut « le maître des horloges » qui pose devant celle du Conseil des ministres sur sa photographie officielle. Chez un Macron frénétique, pour qui l'« accélération » revient comme une obsession, « accélérer les apprentissages », « accélérer la résilience », « accélérer les initiatives », « accélérer cette transformation », jusqu'à ce truisme, admirable : « Nous devons accélérer parce que vous avez besoin de vitesse. » Un Macron qui, comme ministre, avait restauré, déjà, le travail du dimanche. Qui, en défenseur d'Uber, a produit des millions d'autoentrepreneurs des plateformes, sans horaire, aux aguets, toujours prêts. Qui porte comme un idéal le « travailler plus », même plus pour gagner plus. Qui n'envisage la société que sous un œil d'économiste : la concurrence, la compétitivité, le PIB, en bref une humanité fonctionnelle, enserrée dans la production et la consommation.

Eh bien, la retraite lui résiste, à lui et aux siens, comme une hérésie. La retraite, c'est ce bout énorme, ce bout au bout, où l'on sort de la production, où l'on ralentit la consommation. La retraite, ce sont ces années entières arrachées à tous les maîtres des horloges.

« La clé de l'ère industrielle n'est pas la machine à vapeur, mais l'horloge qui permet une nouvelle intensification du temps », note l'historien américain Gary Cross. À l'entrée des usines, l'horloge trône souvent au-dessus du portail : « Les ouvriers qui franchissent le seuil ont le sentiment de passer symboliquement sous les fourches caudines d'un patron maître du temps », écrit un autre historien,

Didier Terrier. Ce sont les cloches, puis les sirènes, qui rythment les journées. Ce sont des règlements, évidemment, qui stipulent les heures d'entrée et de sortie. Ce sont les pointeuses, aujourd'hui devenues badgeuses. C'est le chronomètre de Taylor. Le temps, le temps contrôlé jusqu'à la seconde. Le temps qui est de l'argent.

C'est une question clé, pour les travailleurs, depuis le XIX$^{e}$ siècle : la libération du temps. La fin du travail des enfants, le recul à 12 ans, puis 14 ans, puis 16 ans, de leur entrée à la mine ou à l'usine, c'est un combat pour le temps. Le dimanche chômé, puis le « samedi anglais », comme on l'a appelé, c'est un combat pour le temps. Le congé maternité, les congés payés, c'est un combat pour le temps. La loi des « huit heures », huit heures de travail, huit heures de repos, huit heures de loisir, c'est un combat pour le temps. Les heures de formation, ou de délégation, c'est un combat pour le temps. Pour le temps d'apprendre à vivre, à danser, à aimer, à lire, à écrire, à chérir. Pour le temps de respirer, le temps de la Liberté, hors des machines, et de la grande Machine.

C'est toute l'histoire du mouvement ouvrier. À la fois la fierté du travail et la dignité par le travail. Et en même temps, comme la deuxième face d'une même pièce, arracher des temps hors travail.

En 1930, estimait l'économiste John Maynard Keynes, les besoins économiques seraient grosso modo satisfaits, au moins dans les pays développés, les humains exploreraient d'autres chemins pour le progrès, ils consacreraient moins de vingt heures par semaine au travail.

Dans son ouvrage *Les 40 000 heures*, paru en 1965, Jean Fourastié avait fait le même pari : grâce à la technique, le temps de travail allait diminuer, nous n'y consacrerions plus que 40 000 heures dans notre vie, soit 30 h par semaine durant 35 ans.

Que s'est-il passé, alors ?

Pourquoi avons-nous rebroussé chemin ? Pourquoi travaillons-nous plus longtemps ? Et le dimanche, à nouveau ? Pourquoi, depuis près de quarante ans, malgré les machines, l'informatique, Internet, bref, les « gains de productivité », pourquoi n'avons-nous pas libéré une sixième semaine de congés payés ?

Il y a les dividendes, d'abord, dont la part a plus que quadruplé : en 1983, on travaillait en moyenne une semaine par an pour les actionnaires. C'est aujourd'hui quatre semaines.

Il y a, surtout, les « besoins artificiels », sans cesse renouvelés. Le capital stimule les désirs, de la nouvelle Audi, du portable dernier cri, de la piscine dans le jardin, etc., sans quoi nous ne sommes pas à la hauteur. Sans quoi nous sommes largués. Sans quoi nous n'atteignons pas au bonheur conforme. Et il faut bien sûr travailler plus pour s'acheter l'i-Phone 13 : 90 heures en France, plus de deux semaines.

Il y a, bien sûr, le sous-emploi : d'une diminution du temps de travail choisie, organisée, on est au fond passés à une diminution subie, sous contrainte. Et qui ne fait que des malheureux : le chômeur, qui se regarde comme un « déchet », « inutile au monde », qui « broie du noir », condamné à une « agonie sociale », et des salariés, qu'on use jusqu'à la corde, perdant le sens de leur métier, dont la maladie des temps modernes est devenue le *burn-out*.

Il y a, enfin, et ça englobe le reste, et tant pis pour le mot de quatre syllabes, et qui se termine en « -isme » : le libéralisme.

Car oui, cette inversion de l'histoire, ce « grand bond en arrière » du temps de travail nous est venu du large : d'outre-Manche, d'outre-Atlantique, de Reagan et de Thatcher. Les États-Unis étaient, dans les années 50, le pays de l'ouest où l'on travaillait le moins, et le resta jusqu'en 1980 : moins que la France, moins que l'Italie, moins que l'Allemagne, moins que le Japon. Ils sont aujourd'hui la nation où l'on travaille le plus. Pour gagner le plus. Pour consommer le plus. En PIB par habitant, indéniablement, ils font la course devant.

Les indices de bien-être, en revanche, n'ont pas suivi : taux d'obésité, taux d'incarcération, taux de mortalité infantile, taux de suicide, taux de maladies mentales, taux d'homicides, sont les plus élevés des pays dits développés. Tout comme le niveau d'inégalités. L'économie se porte bien, les habitants se portent mal.

Que s'est-il passé ? Dans les années 80, les États-Unis ont « libéré les énergies » de la rivalité ostentatoire. En 1965, un patron américain gagnait vingt fois le salaire de ses employés, on est désormais à 254 fois. Les revenus des financiers de Wall Street ont explosé. Le 1 % du sommet a encaissé tous les gains. Tandis qu'en bas, on multipliait les heures mal payées, pour survivre. Pour s'offrir, aussi, une consommation-consolation.

Évidemment, avec leur puissance, leur influence, les États-Unis ont entraîné l'Europe dans cette course folle : nous ne pouvions rester « à la traîne ».

Nous avons d'abord poursuivi notre histoire (presque) normalement : entre 1980 et 1995, sur notre vieux continent, le temps de travail a diminué de 3 %. C'était déjà moins rapide que par le passé, mais le mouvement se poursuivait. Il s'est arrêté net, inversé ici aussi : durant la décennie suivante, entre 1995 et 2005, il a augmenté de 8 %. Comme l'écrit Tim Jackson : « la croissance est désormais due au fait que les gens travaillent plus longtemps que dans le passé L'UE [l'Union européenne] est notamment préoccupée par sa performance par rapport à ses concurrents. » Il fallait rattraper le retard.

En France, les 35 heures de Jospin-Aubry se sont trouvées prises dans cette contradiction. La « gauche plurielle » continuait le mouvement ouvrier, un mouvement historique. Contre le chômage, cette mesure s'est avérée « la plus efficace et la moins coûteuse ». Mais en même temps, les ministres d'alors maintenaient un discours de « compétitivité », validant le traité d'Amsterdam et la stratégie de Lisbonne, la « performance » économique comme fin. Ce conflit s'est traduit, d'abord, par de la flexibilité, par de l'annualisation, par des lois Aubry 2 qui au fond détricotaient les premières. Puis, avec Sarkozy et Fillon, par un retour aux quarante heures et plus, via les heures supplémentaires. Les mêmes qui sont revenus sur le dimanche chômé. Les mêmes qui ont rallongé la durée de cotisation, reculé l'âge de la retraite. Et Emmanuel Macron prolonge ce chemin américain.

Dans la foulée, notre continent, notre pays, sont frappés des mêmes maux : obésité, incarcération, suicide, maladie mentale... Les « indices de bien-être » ne progressent plus. Objectivement. C'est mesurable. Le mal-être gagne la société, les esprits. Les inégalités augmentent.

## Temps plus long, plus lourd

« Ça va faire bientôt dix ans que je travaille dans cette station Total, depuis 2013. Dix ans que je touche le Smic, 1 313 € en net. »

J'ai appelé Cindy sur son lieu de travail, en Normandie. Derrière elle, sur l'écran Zoom, les rayons de Ricard et de Whisky.

« Je me lève à 4 heures et demie du matin, pour démarrer à 6 h. Je fais tout, le nettoyage intérieur, extérieur, les commandes, les réceptions, la gestion, les encaissements  Je suis toute seule, la seule employée, jusqu'à la relève par ma collègue. Et on est là les week-ends aussi.

– Avec votre salaire, comment vous faites ?

– On ne s'en sort plus. Avant on vivait, maintenant on survit. On travaille pour payer le crédit, les factures. Alors, avec les collègues, on offre nos services à d'autres stations. On fait des CDD pour avoir des compléments de salaire. Cet été, pendant mes congés, j'ai fait jusqu'à 65 h par semaine. Je n'ai pris que deux jours de repos, zéro vacances. »

Je passe sur les privations, les Kellog's des enfants en moins le matin, la salle de sport qu'elle ne fréquente plus, etc. Cindy s'adresse, hors écran, à sa collègue. Elle tourne son téléphone, Ophélie apparaît, dans sa veste Total.

« On n'a plus le choix, on doit courir après les heures pour éviter les découverts. Moi, entre mon contrat ici et mes CDD dans les autres stations, je travaille environ 15 h par jour et tous les week-ends. Et pourtant, il ne nous reste pas grand-chose pour vivre à côté, rien à la fin du mois avec le crédit sur la maison, sur la voiture, les factures, les courses. Travailler jusqu'à 55 h par semaine, c'est misérable. C'est injuste et décevant. Alors qu'on est courageuses. »

J'entends ça, bien plus qu'avant : les boulots qui se cumulent. Bertrand, chef d'équipe dans l'agroalimentaire, déjà évoqué dans *Je vous écris du front de la Somme*, qui fabrique des brioches, 1 700 € avec treize ans d'ancienneté. « Heureusement que je fais Uber en plus. À 2 h du matin, quand je sors de l'usine, je prends des courses. Les meilleures nuits, je fais jusque 100 €. Enfin, 80 €, en décomptant les frais. »

C'est presque toute la vie, alors, que contrôlent « les maîtres des horloges ». Avec un étrange mélange de suremploi et de sous-emploi : depuis 2003, les salariés français travaillent 45 h de plus par an. Mais les « indépendants », c'est-à-dire, pour beaucoup, la masse galopante des « autoentrepreneurs », en sont à 300 heures de moins...

*

Le temps de travail ne s'allonge pas seulement : il s'alourdit. L'« intensification », on appelle ça. Mais je voudrais le dire autrement : c'est presque du temps sur mesure, qui se sculpte sur les besoins du capital, sans gras, sans pause, sans perte.

Dans la fac où j'ai étudié, à l'université Picardie Jules Verne, les agents d'entretien arrivaient tôt le matin, vers 6 h je crois, et nettoyaient vite les salles, les amphis, les couloirs, vides d'étudiants et d'enseignants. Vers 10 h, alors que les bâtiments se remplissaient, leur rythme à eux se ralentissait, avec les corbeilles à vider, les parkings extérieurs, un tour à la machine à café Ils, elles surtout, étaient intégrées à un collectif, avec des battements pour échanger. Désormais, elles sont sous-traitées : Jessica ne vient que de 6 h à 9 h, puis elle repart chez elle, puis retourne le soir vers d'autres chantiers. Horaires instables, salaires à l'os, dans une solitude.

Ce temps alourdi, c'est l'aide-soignante en Ehpad : écouter le souvenir d'un ancien ? S'asseoir sur un coin de lit ? Pour elle, c'est fini. Quand la patiente se montre trop bavarde, pour couper court, elle tapote sur sa montre, sort de la chambre à reculons.

C'est le cariste qui, casque sur les oreilles, avec la commande vocale, répète « OK OK », courant d'un emplacement à l'autre, comme un robot en apnée.

C'est l'intelligence artificielle qui, dans les entrepôts d'Amazon ou de Lidl, dans les cabines des chauffeurs routiers ou aux caisses des supermarchés, mène la chasse aux temps morts, ajoute des exigences, déploie de la surveillance.

C'est l'auxiliaire de vie, aux horaires malléables, qui chez une personne âgée se badge à l'entrée, à la sortie, dont seul ce temps-là est compté.

C'est, aux États-Unis, des plannings gérés par un algorithme : seize millions de salariés dans la grande distribution, magasiniers, chefs de rayon, caissières, dont l'agenda est ajusté en temps réel, selon la météo, l'affluence en magasin, avec des employés appelés en dernière minute, des semaines à trous, d'autres remplies, des vies de famille impossibles, et des niveaux d'anxiété, de stress, de dépression chez leurs enfants.

C'est, idéal de Macron, le livreur Uber, le prolétaire de la start-up Nation, qui n'est payé que pour sa course, sans rien autour, sans le temps d'attente, sans droit au chômage, à la Sécu, et encore moins à la retraite.

Ce temps, ce temps de travail, réduit à un squelette, sans chair autour, sans le temps du lien, de la parole, ce temps rétréci, rabougri, ce temps-là produit du dégoût. Il installe une crise des vocations, provoque bien des démissions. Il participe du « travail empêché » dont parle Yves Clot, professeur de psychologie du travail : le sentiment de « ne pas faire son boulot », de « mal le faire », qui conduit à « la maladie ». C'est un fait massif, et même explosif, d'après lui : « 35 % disent ne jamais ressentir la fierté du travail bien fait… 54 % disent ne pas pouvoir faire un travail de qualité, et même devoir la sacrifier »

Lutter contre les maîtres des horloges, ce n'est pas seulement réduire le temps de travail : c'est détendre le temps du travail. C'est y installer de la liberté, de l'émancipation, se réaliser en réalisant. C'est y introduire des respirations, de sorte qu'on ne travaille pas en apnée, en brasse coulée.

## SORTIR DE LA CAGE

Avec les retraites, à la Libération, Ambroise Croizat et ses camarades poursuivaient un idéal social. Nous y ajoutons, aujourd'hui, un autre impératif : écologique. Les deux sont-ils incompatibles ? Ou au contraire se renforcent-ils ? Protection sociale et protection de l'environnement vont-elles de pair ? Mouvement ouvrier et mouvement vert ?

« Produire plus, pour consommer plus, pour produire plus, pour consommer plus », comme le hamster dans sa roue, mène la planète droit dans le mur. Et les humains à l'usure.

Le défi climatique réclame du travail, je l'ai écrit ailleurs : du travail dans les champs, du travail dans les bâtiments, du travail dans des ateliers de réparation, du travail de lien et de soin auprès des bébés, des malades, des aînés. Mais il réclame aussi du repos, de l'apaisement, moins de frénésie.

Ce week-end, je me suis replongé dans *Prospérité sans croissance*, le rapport qu'avait rendu Tim Jackson au gouvernement britannique. Il cite, page 140, une étude réalisée par l'économiste canadien Peter Victor :

« Le chômage et la pauvreté sont tous deux réduits de moitié dans ce scénario grâce à des politiques sociales et de temps de travail actives. Et l'on obtient une baisse de 20 % des émissions de gaz à effet de serre au Canada. Réduire la durée du temps de travail hebdomadaire est la solution la plus simple et la plus souvent citée au défi du maintien du plein emploi sans augmentation de la production. Mais cette réduction du temps de travail n'a tendance à réussir que dans certaines conditions. "La distribution stable et relativement équitable des revenus", écrit le sociologue Gerhard Bosch. »

Les recherches, là-dessus, ne manquent pas.

Pour Larsson, Nässen et Lundberg, « une réduction de 1 % du temps de travail conduirait à une baisse de 0,80 % des émissions par ménage ».

Miklos Antal a mené, lui, une « recherche exhaustive, qui recense 2 500 articles scientifiques » : « La plupart des études concluent que les réductions du temps de travail réduisent les pressions environnementales. »

Pour Rosnick et Weisbrot, « si les États-Unis passaient au temps de travail moyen des pays européens, ils économiseraient 18 % de leur consommation d'énergie. À l'inverse, si les Européens travaillaient autant que les Américains, nos émissions de gaz à effet de serre augmenteraient de 25 %. » Et les auteurs d'y voir « une portée mondiale » : « Au cours des prochaines décennies, les pays en développement décideront de la manière d'utiliser leur productivité croissante. Si, d'ici 2050, le monde entier travaille comme les Américains, la consommation totale d'énergie pourrait être de 15 à 30 % supérieure à ce qu'elle serait en suivant un modèle plus européen. Traduit directement en émissions de carbone plus élevées, cela pourrait signifier une augmentation de 1 à 2 degrés Celsius du réchauffement de la planète. »

Nous devons sortir nos vies, des parcelles de nos vies d'abord, de cette emprise de la marchandise.

C'est un devoir écologique.

Mais aussi, je dirais, humaniste.

Le dimanche chômé est un bout de cet enjeu. 24 heures hors de ça. Hors de la cage. Autre chose que le métro-boulot-chariot : le repas en famille, la buvette du club de foot, la balade en vélo, etc.

Par quel bout réduire encore ? Par la semaine de quatre jours ? Par la réduction de la durée hebdomadaire ? Par un véritable congé parental ? Par une semaine de vacances supplémentaires ? Par des années de césure, sabbatiques, pour bifurquer au mitan de son existence ? Par un temps de flou, admis, avant trente ans, à l'âge des possibles, un temps de rencontres, de voyages, de tentatives, d'échecs, où chacun cherche sa voie ? Voilà le choix qui réclame un débat. Plutôt que : de quels droits acceptez-vous de vous amputer ?

Mais le gros morceau, ça reste la retraite.

S'ils s'y attaquent avec entêtement, depuis des années, c'est pour gratter des économies, certes. Mais pour une autre raison, également : symbolique, idéologique. La retraite, c'est une autre vie qui est déjà là. C'est un possible, à étendre, qui nous tend les bras. C'est un temps de gratuité, de bénévolat, ma mère qui cuisine un cake avec mes enfants, un papi qui entoure les poussins sur un tournoi de foot, une ancienne prof qui alphabétise dans une asso, c'est tout un monde, c'est notre pays qui tient debout aussi par ces bonnes volontés, par ces journées librement données, partagées. Bref, c'est tout un pan de la vie hors marché. C'est, pour les maîtres des horloges, une menace.

Car ils se sentent menacés : quel moment historique, inédit, vivons-nous ? La croissance ne fait plus le bonheur. Un tableau fourni par l'Organisation des Nations unies le montre bien :

**Figure 1. Ce n'est que lors des premières étapes de développement économique que l'espérance de vie augmente.**

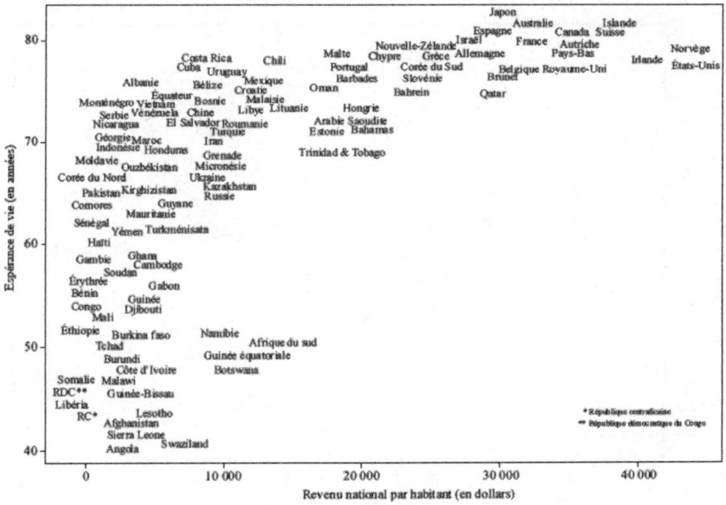


Que nous dit-il ? Que dans les premières phases du développement, la richesse apporte en effet un supplément de bien-être, avec une alimentation plus calorique, de meilleurs soins, de l'éducation : l'espérance de vie s'élève très rapidement. C'est vrai dans les pays pauvres. Mais ensuite : plus le niveau de vie augmente, plus le lien entre revenu et espérance de vie s'atténue. Il finit par disparaître entièrement : à partir d'environ 20 000 dollars par habitant, la courbe ascendante devient horizontale.

Faisons maintenant un zoom sur les pays les plus riches.

Figure 2. L'espérance de vie n'a aucun rapport avec les écarts de revenus moyens entre pays riches

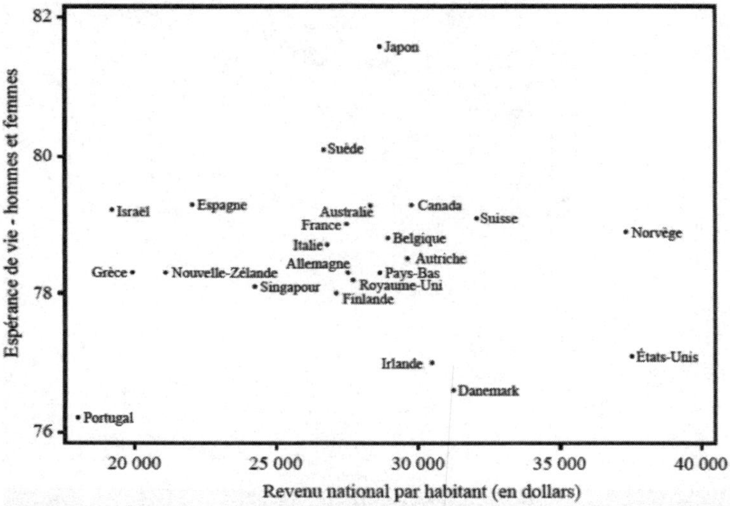


Que remarque-t-on ? Eh bien justement, rien ! Dans les pays les plus riches, il n'y a plus de lien entre richesse et bien-être. Les nations se trouvent distribuées de façon aléatoire : les États-Unis, le pays plus riche, ont une espérance de vie inférieure à celle de l'Espagne ou de la Nouvelle-Zélande, et même de Malte, de Cuba ou du Costa Rica ! Cela signifie une chose simple et essentielle : la croissance ne fait plus le bonheur.

D'ailleurs, depuis quarante ans, depuis le milieu des années 70, le revenu par habitant en France a quasiment doublé. Mais le taux de bonheur, lui, stagne. Les deux courbes sont disjointes.

Comme l'énonce l'épidémiologiste anglais Richard Wilkinson : « C'est la fin d'une époque. Jusqu'ici, pour améliorer notre condition, il y avait une réponse qui marchait : produire plus de richesses. Nous avons passé un certain seuil, et ce lien est désormais rompu. C'était un schéma prévisible : si notre estomac crie famine, manger du pain est le soulagement ultime. Mais une fois notre estomac rassasié, disposer de nombreux autres pains ne nous aide pas particulièrement

Nous sommes la première génération à devoir répondre de façon plus novatrice à cette question : comment apporter de nouvelles améliorations à la qualité réelle de la vie humaine ? »

C'est une chance, cette fin d'une époque ! Nous avons beaucoup à réinventer.

Mais justement.

Justement parce que ces questions sont posées, « Que voulons-nous ? Quelle société voulons-nous ? », parce que les évidences sont mortes, il faut aux maîtres des horloges nous empêcher d'espérer, éteindre le feu de liberté qui couve, serrer la vis des imaginaires, nous enserrer dans le « produire plus pour consommer plus ».

J'avais cet échange avec Dominique Bourg, philosophe :

« On sort de la société de consommation. Ce n'est pas rien. La consommation avait (j'en parle au passé) une fonction spirituelle, elle donnait un sens à notre existence, et à l'histoire, à la société. À travers la consommation, on se réalisait. Cette magie jouait à plein dans l'après-guerre, mais aujourd'hui, dans nos pays, ça ne marche plus.

– Et comme la magie est morte, le système jette toutes ses forces pour que l'idéologie survive ? Avec des écrans publicitaires partout ? Des chaînes de télé gorgées de pubs ? C'est un monde qui tient à bout de bras ?

– On met un fric monstre pour continuer à vendre n'importe quoi. Sinon, si toutes les conneries ne se vendent plus, le système est foutu. »

Produire moins.

Consommer moins.

C'est un impératif, à l'heure où un Français consume (en moyenne) trois planètes.

Mais consommer moins, surtout, d'abord, pour les PDG, pour les actionnaires. Pour les 10 % qui, dans notre pays, émettent autant de $CO_2$ que les 50 % les plus pauvres.

J'ai découvert ça, hier : le *Symphony,* le yacht de Bernard Arnault, qui bat pavillon des îles Cayman, en un mois seulement, a consommé 500 000 litres de gasoil entre la Croatie, Venise, Barcelone et Nice. Soit 1 250 tonnes de $CO_2$ émis. 7 500 fois plus qu'un Français moyen. 625 années d'émission d'un concitoyen ! Et tout ça, sans compter son jet, ses multi-résidences à Courchevel, Saint-Tropez, New York, son île dans le Pacifique. Le porte-monnaie donne-t-il un droit à polluer ?

La remise en cause, nécessaire, de tout notre système – industrie, déplacements, énergie, agriculture – ne sera pas supportée, pas tolérée, si « en haut ils se gavent », si « les gros paient petit et les petits paient gros », si l'effort ne porte pas d'abord sur les plus puissants. Ces changements, ces bouleversements à venir, ne seront acceptés en paix que s'ils sont empreints de justice. Et si les hommes et les femmes se sentent en sécurité, pas menacés : protection sociale et protection de l'environnement vont de pair.

Consommer moins, donc, mais aussi : répartir mieux.

Répartir mieux dès l'enfance.

Répartir mieux chez les travailleurs.

Répartir mieux entre les entreprises, également, entre firmes et PME, entre donneur d'ordres et sous-traitants.

Comme l'écrivait John Stuart Mill, en 1848, le père de l'économie écologique, « c'est seulement dans les pays retardés du monde que l'accroissement de la production est un objectif important : dans les plus avancés, ce dont on a besoin sur le plan économique est une meilleure répartition. »

« Consommer moins, et vivre mieux », enfin : non seulement la croissance, la marchandise, le consumérisme nous mènent dans le gouffre climatique, mais ils ne nous rendent même plus heureux.

C'est ce qu'énonce Alain Tanner, dans son film *La Salamandre* : « Le 20 décembre. Les "fêtes", comme on dit, se faisaient menaçantes à l'horizon. La marchandise imposait ses lois à la foule qui partait à l'assaut des magasins. C'était l'époque de l'année où se remarquait le mieux une tendance marquée à la schizophrénie, un phénomène qui tendait de plus en plus à affecter le corps social tout entier. »

Le bonheur est désormais ailleurs.

*

Ralentir.

Ralentir le cycle.

« Dans ce livre, je veux revenir à la question sans doute la plus importante pour nous autres humains : qu'est-ce qu'une vie bonne ? Et pourquoi nous fait-elle défaut ? »

Dans nos sociétés modernes, suppose le philosophe allemand Harmut Rosa dans *Accélération et aliénation*, ce qui fait notre malheur, c'est le temps, le temps qui manque, le temps qui presse. Sans conteste, la technique s'est accélérée : on peut parcourir plus de kilomètres en une heure, transférer plus de données en une minute, effectuer des tâches plus rapidement Voilà qui, se dit-on, à l'intuition, voilà qui devrait libérer du temps, et donc, possiblement, nous permettre de ralentir. Et pourtant, non, au contraire : pourquoi ? Par quel paradoxe ? C'est que le nombre de tâches, lui, augmente : « Écrire un courrier électronique est deux fois plus rapide qu'écrire une lettre classique. Considérez ensuite qu'en 1990, vous receviez dix lettres par journée de travail, dont le traitement vous prenait deux heures. Avec la nouvelle technologie, vous avez gagné une heure de temps libre, que vous pouvez utiliser pour d'autres choses. Est-ce cela qui s'est passé ? Je parie que non. En fait, si le nombre de messages que vous lisez et envoyez a doublé, vous avez besoin de la même quantité de temps pour votre correspondance. Mais je soupçonne qu'aujourd'hui vous lisez et écrivez quarante, cinquante, ou même soixante-dix messages par jour. Vous consacrez donc beaucoup plus de temps pour tout ce qui touche à la communication qu'avant que le Web ne soit inventé. Il se trouve que la même chose s'est produite il y a un siècle avec l'invention de la voiture, et un peu plus tard avec la machine à laver. »

La technique n'est pas le seul moteur de cette accélération, poursuit le philosophe : « Du point de vue des individus, il existe une lutte concurrentielle incessante pour les concours de l'enseignement et les emplois, les revenus, les biens de consommation ostentatoire, la réussite des enfants, mais aussi, et de manière plus importante, pour obtenir et garder un conjoint et un certain nombre d'amis La logique sociale de la compétition est telle que les concurrents doivent investir une énergie accrue pour rester compétitifs. »

Avec à la clé une dépression pathologique, dont « des découvertes scientifiques récentes indiquent que certaines formes doivent être comprises comme des décélérations, comme des réactions individuelles face à des pressions d'accélération excessives ».

Avec, bizarrement, collectivement, l'impression que plus rien n'avance : à force d'accélération, de changements permanents, aléatoires, épisodiques, frénétiques, « en fait aucun changement "réel" n'est plus possible, le système de la société moderne se referme sur lui-même et l'histoire approche d'une fin qui a la forme d'une "immobilisation accélérée". » Des choses changent, mais elles n'évoluent pas, elles ne vont « nulle part ».

C'est de la théorie, ici.

Mais cette usure, cette contradiction, les Français semblent bien l'éprouver : 65 % ont le sentiment que « le monde va trop vite ». 58 % « aspirent à ralentir ». Quel gouffre, quand même, entre les désirs des gouvernés et la volonté des gouvernants !

Se noue un combat, là, entre les puissances d'en haut, qui veulent du flux, du mouvement, de l'accélération. Et une base, fatiguée, lassée, qui réclame une pause : « Pouce ! » Et à quoi le consacreraient-ils, ce temps retrouvé ? À leurs proches (73 %), c'est-à-dire aux soins. Voilà leur premier « manque », témoignent-ils, qui arrive loin devant la cuisine ou le jardinage. Il ne s'agit pas d'une utopie, ici, d'un grand projet. Juste d'une écologie concrète, tranquille, populaire : retrouver le temps du lien, du lien aux autres, du lien à la terre, du lien au faire, avec des activités qui échappent au marché et aux supermarchés, qui relèvent, je dirais, d'une décence commune. Du possible à portée de main.

« Il sera temps pour l'humanité d'apprendre comment consacrer son énergie à des buts autres qu'économiques. » C'est Keynes, il y a un siècle, qui nous pronostiquait cet avenir radieux. « L'amour de l'argent comme objet de possession, qu'il faut distinguer de l'amour de l'argent comme moyen de se procurer les plaisirs et les réalités de la vie, sera reconnu pour ce qu'il est : un état morbide plutôt répugnant, l'une de ces inclinations à demi-criminelles et à demi-pathologiques dont on confie le soin en frissonnant aux spécialistes des maladies mentales ! »

Soignons nos dirigeants !

Mettons à la retraite « les maîtres des horloges » !

Ce livre n'aurait pas pu être publié, et dans ces délais, sans mon équipe : Lou, Alexis, Mélanie, Cyril, Sylvain, Robin, Dimitri et anciennement Damien. Sans des camarades bénévoles à la documentation : Vincent, David, Édouard, Clothilde, Isabelle, Manuèle, Alice, Jézabel, Maxime, Mathieu. Sans les argumentaires sur les retraites de Mickaël Zemmour.

Si vous souhaitez être tenu informé des parutions
et de l'actualité des éditions Les Liens qui Libèrent,
visitez notre site :
http://www.editionslesliensquiliberent.fr

Composition : In Folio

Achevé d'imprimer en novembre 2022
par l'imprimerie Normandie Roto impression s.a.s à Lonrai
Dépôt légal : novembre 2022
N° impr : 2205261
Imprimé en France